$T^3.15.$

ETAT

DE L'ART DE GUÉRIR

EN DANEMARCK,

AUX TEMPS LES PLUS RECULÉS, AINSI QU'AU MOYEN AGE;

PAR Mr T. C. BRUUN-NEERGAARD.

LA situation de l'art de guérir chez les habitans du nord, aux temps reculés ainsi qu'au
moyen âge, ne doit pas manquer de piquer la
curiosité.

Il existe en général peu de notions sur l'histoire littéraire des temps anciens, ainsi que du
moyen âge. Les auteurs qui ont traité ce sujet, par
rapport au Danemarck, sont peu nombreux.
Gram est peut-être le seul qui en ait rassemblé des
matériaux, dans son discours intitulé : *De origine
et statu rei litterariæ in Daniâ et Norwegiâ*. Mais
les limites prescrites à un discours académique
ont empêché sans doute ce savant auteur de donner à son sujet l'étendue dont il étoit susceptible.
On n'y trouve que peu de chose, ou, pour ainsi

I

dire, rien sur l'histoire de l'art de guérir. Le même auteur a donné quelques instructions plus intéressantes sur ce sujet, dans ses Notes jointes aux vers latins de M. Gableri. Dans les petits ouvrages de médecine de l'illustre Thomas Bartholin, on trouve aussi quelques renseignemens sur cette science, ainsi que dans les ouvrages de l'infatigable historien Lagerbring. Je ne puis citer sans regret un ouvrage qu'on prétend que Jens Worm a écrit : *De statu rei litterariæ in Daniâ sub paganismo*, et qui vraisemblablement n'a pas été mis au jour. Avec ces matériaux seuls, on n'auroit pu donner une idée juste de l'état de l'art de guérir en Danemarck, au temps de nos ancêtres. Il falloit rassembler les notices qu'on pouvoit trouver sur cette matière dans les histoires et les chroniques des anciens, et avoir encore quelquefois recours aux monumens que nous ont laissés les temps barbares dont nous voulons parler. Eloigné de ma patrie, il m'auroit été impossible de trouver tous ces renseignemens, si le docteur en droit, Gustave Baden, n'en avoit pas déjà tiré parti, dans un petit ouvrage qu'il a publié sur ce sujet, il y a une douzaine d'années. Les observations de cet auteur me serviront donc de guide dans mes recherches ; et mon seul mérite, dans cet Essai, aura été d'avoir cherché à lier ses idées, en les exposant en français.

Il me paroît nécessaire de présenter quelques vues générales sur l'état des sciences au Nord, dans les temps reculés, pour servir d'introduction et d'éclaircissement à celles que je vais donner sur l'art de guérir en particulier.

On est bien loin de pouvoir accorder des connoissances scientifiques à nos ancêtres païens; quelques historiens du pays, ainsi que de l'étranger, les accusent plutôt d'avoir été sauvages, et nous donnent des idées qui nous éloignent de pouvoir leur accorder l'amour des sciences. Arnkiel, et d'autres anciens auteurs, sont de l'opinion que je viens d'énoncer, quoique Loccénius ait voulu, sans fondement, faire des savans de nos anciens habitans du Nord. On ne peut pas même accorder à nos ancêtres païens de l'estime pour les sciences. S'ils en eussent été animés, ils n'auroient pas incendié, comme ils le firent, plusieurs bibliothèques en Angleterre. A son avénement au trône, Alfred trouva dans ce pays toutes les institutions scientifiques détruites. Suend-Tueskieg, en dévastant de nouveau ces contrées, maltraita l'université d'Oxford, au point qu'on ne put, pendant plusieurs années, y continuer les études. Tous les jeux gymnastiques occupèrent nos ancêtres, et l'esprit ne fut quelquefois employé que pour jouer une partie d'échecs, pincer une espèce de harpe, et faire quelques vers. Le savant Erichsen nous

1.

apprend aussi qu'on cultivoit tous les genres de
métiers, surtout ceux qui sont nécessaires pour la
préparation des métaux. Les Danois avoient si peu
de connoissance de l'histoire naturelle et de la
physique, sciences qui peuvent seules nous rendre
compte d'une grande partie des phénomènes de
la nature, qu'ils attribuoient ces effets à la sorcellerie et aux mauvais esprits. Dans nos anciens
historiens, on ne cite de tremblement de terre,
dans le Nord, que dans l'année 1073. Depuis ce
temps, il en a souvent été question ; ce qui fait
avec raison présumer qu'il y en avoit eu avant
cette époque, mais qu'on avoit eu la négligence
de ne pas les noter. Nous savons par notre an-
cienne mythologie, que Lork étoit regardée
comme la cause des tremblemens de terre.

Sans être savant, on peut avoir des connoissances qu'on acquiert par l'expérience. Nos premiers ancêtres en possédoient. L'agriculture, déjà
introduite dans le Nord, ainsi que la chasse et
la pêche, en avoient besoin. Mais rien ne les
étendoit davantage que les longues courses qu'on
fit par mer; on alloit jusqu'à Constantinople. Je
ne crois cependant pas, avec Lagerbring, que
nos ancêtres y aient pris le goût des sciences. Les
capitaines de vaisseaux et les matelots s'occupoient fort peu des sciences qui pouvoient exister
dans les ports qu'ils visitoient. Les personnes des
premières familles aimoient tellement la marine,

d'après ce que Saxo nous en dit, qu'elles s'ha-
billoient en matelots jusqu'au temps de Canut-
le-Grand, qui fit introduire le costume saxon.
Le règne de ce roi fait en général époque dans
notre histoire, par les changemens qu'il opéra
dans nos mœurs, nos usages et notre commerce.
On présume avec plus de vraisemblance, quoique
l'histoire n'en fasse pas mention, que les héros ap-
pelés *Baranger* (les Varanges ou Varèges), qui re-
tournèrent dans leur patrie, après plusieurs années
de séjour à Constantinople, ont pu ramener le
goût des sciences. Nos anciennes chroniques racontent seulement qu'ils rapportèrent de l'or, de
l'argent, et quelque peu de connoissances militaires. Shoening et Suhm regardent avec raison le
roi norwégien Harald Haardraade, comme le
premier des Barangers que le Nord ait possédés,
tant par sa naissance que par ses connoissances
et ses richesses. Je ne crois cependant pas que ce
prince ait rapporté d'autre fruit de ses voyages
que quelques connoissances militaires et pra-
tiques. Les autres Barangers, qui revenoient de la
Grèce et de Constantinople, peuvent bien avoir
donné une certaine culture à leurs compatriotes.
Quant aux connoissances scientifiques, je crois,
avec Gram, que nous en devons, dans le Nord,
le premier goût aux Islandais et aux poëtes de
la cour, qui voyagèrent après l'introduction du
christianisme. Nos ancêtres païens, sans être sa-

vans , ont cependant fait quelques observations. Snorro Sturleson en donne une preuve , dans le récit qu'il fait de la guerre que les habitans de Jomsviger, qui étoient regardés comme des colons danois, tentèrent contre les Norwégiens, d'après l'impulsion de Svend Tveskieg. Un habitant de Jomsviger, qui devoit être décapité, eut ordre de tenir dans sa main un os, pour savoir s'il pourroit encore le tenir après l'exécution, pour décider si toute la sensibilité se perdoit avec la tête; sujet sur lequel on discutoit beaucoup dans son pays, ajoute Sturleson. Erichsen raconte aussi, d'après quelques *sagars* islandais, qu'un certain Eynar veilloit la nuit pour observer les étoiles.

La conservation de la santé fut une des premières idées qui s'éveillèrent dans l'esprit des anciens habitans du Nord. L'existence est chère à tous ; l'homme le plus pauvre, le plus malheureux, prend autant de soin de sa triste vie que l'homme le plus riche , le plus heureux, le plus opulent. L'idée de vouloir se détruire n'est pas née avec le cœur humain ; elle s'empare de l'homme contre sa propre volonté.

L'éducation que nos premiers ancêtres recevoient depuis le berceau, et leur manière de vivre, étoit convenable à des chasseurs , et propre à former des corps vigoureux ; aussi le nombre des maladies étoit-il bien loin d'être aussi grand qu'aujourd'hui. Les enfans ne suçoient pas le

laiì d'une étrangère ; ils n'étoient point accoutu-
més à rester assis derrière un poêle, ni à dormir
dans le duvet, ni à être couverts d'enveloppes.
A peine voyoit-il le jour, qu'on trempoit l'enfant
dans de l'eau froide, ou dans un amas de neige.
Aucun art, aucune bonne, comme le dit
Schoening, ne lui montroient à marcher; il se
l'apprenoit à lui-même, en rampant nu sur la terre
couverte de quelques branches d'arbres. A peine
sur ses jambes, il étoit obligé de chercher lui-
même sa nourriture par la chasse. Cette nourriture étoit forte, comme l'exige notre climat
froid et humide, mais simple et saine. Chaque
jour avoit son mets ; des services divers ne gâ-
toient pas l'estomac comme aujourd'hui. On ne
donnoit pas du poisson le jour qu'on servoit le
mets salé appelé *gammelmad* (1). L'origine de
ce nom vient vraisemblablement de ce qu'on
faisoit cuire ce mets le dimanche en assez
grande quantité pour suffire à la nourriture de
toute la semaine. Bartholin (2) loue la salubrité de
cette nourriture, ainsi que celle des autres mets
dont on faisoit usage. Le *gammelmad* étoit varié de
temps en temps par un plat de poisson cuit dans
son propre jus, ou bien salé, séché au soleil,
ou fumé dans la cheminée.

(1) Vieux manger.
(2) *De Medicinâ Danorum domesticâ.*

Il y avoit des mets qui approchoient des soupes, que les paysans appellent aujourd'hui *soebemad*, et que nos ancêtres nommoient *skeemad* (1). Thomas Torfaeus parle déjà des gruaux et des soupes au lait dans les siècles fabuleux, et il paroît, d'après ce que dit Saxo, en parlant d'Oluf Haager, que le gruau tenoit lieu de pain, dans la classe la moins aisée du peuple. Les choux furent cultivés pour s'en nourrir. Les épiceries échauffantes et nuisibles des Indes n'étoient pas en usage. On se servoit du sel qu'on préparoit soi-même, en jetant de l'eau sur les cendres de l'algue. Les habitans de la petite île de Lessoe jouissoient d'une certaine réputation pour fabriquer ce sel.

La culture des abeilles étoit répandue, et le miel tenoit la place qu'on accorde aujourd'hui au sucre. Le vinaigre se tiroit des fruits et de la bière. Le chasseur et le pêcheur apaisoient leur soif avec l'eau du ruisseau voisin ; à la maison, on se servoit de la bière, pour laquelle le houblon n'étoit pas en usage, mais on employoit les feuilles de la graine de la *pors* (*myrica gale*, Linn.). Le cidre, l'hydromel, la bière forte (*gammelt œel*) ne servoient que pour les fêtes. Si nos premiers ancêtres eurent le défaut de s'enivrer de bière forte, la nature du climat les excuse ; elle est

_____

(1) Manger à la cuillère.

d'ailleurs beaucoup moins nuisible à la santé que l'eau-de-vie de grains dont on se sert aujourd'hui.

Thorlacius le père a donné une excellente notice sur les exercices gymnastiques qui étoient en usage. Ces jeux et ces exercices étoient utiles pour la digestion et la santé. Saxo rapporte que le célèbre évêque Absalon alloit dans les forêts couper du bois, pour donner de l'exercice à ses membres.

La propreté ne contribue pas peu à la santé ; elle ne fut pas négligée chez nos premiers ancêtres. Leur belle peau blanche, qu'ils lavoient, qu'ils baignoient ; leurs cheveux qu'ils peignoient souvent, en offrent des preuves. Les essuie-mains étoient même en usage. Snorro dit que Suend Estridsen, en fuyant dans l'île de Hueen, s'attira la colère de son hôtesse, qui, ne connoissant pas le roi, le grondoit de s'être essuyé trop haut à la serviette qu'elle lui avoit donnée. Les anciennes réunions appelées *gildeskraaer*, dont parlent Kofod Ancher, Bircherod, et d'autres écrivains, sont encore une preuve de la propreté des anciens. Comme l'amélioration des usages étoit le but principal des réunions, les fondateurs ne devoient pas oublier la propreté ; leurs lois fixèrent des amendes pour ceux qui ne l'observoient pas.

Des mœurs semblables, et une pareille manière de vivre, rendoient les causes des maladies rares, de même que leur nombre. Chez nos ancêtres païens, la médecine ne fut presque pas cultivée. Plusieurs faits, rapportés par Suhm et d'autres historiens, le prouvent : aussi le nombre des médecins étoit-il peu considérable. Pendant une des guerres que le roi danois Suend Tves-kieg entreprit contre l'Angleterre, la dyssen-terie se manifesta dans son armée. Plusieurs milliers d'hommmes périrent, et le nombre en au-roit encore été plus grand, si l'extension de cette maladie dangereuse n'avoit pas été arrêtée par les connoissances en médecine d'un ecclésiastique qu'on amena au camp comme prisonnier. On s'aperçoit aussi du manque des médecins dans le voyage pompeux que Canut - le - Grand fit à Rome. Tout ce qui pouvoit contribuer au luxe y étoit employé, des médecins et une apothicai-rerie de voyage seuls y manquèrent. On cite parmi les preuves du bon accueil que le comte de Namur fit au Roi, les soins qu'on donna aux malades de sa suite.

Les médecins et les drogues étoient, comme on le voit, peu en usage dans le Nord. *L'heure est venue*, disoit le peuple, comme il le dit encore aujourd'hui, quand une maladie donne les signes d'une mort infaillible à laquelle rien au monde ne pourroit s'opposer. On cherchoit alors plutôt à accélérer qu'à arrêter la mort. On cite Odin comme un exemple digne d'être suivi. Selon Snorro, Odin, quoiqu'il fût lui-même méde-

cin, se fit percer avec la pointe de son épée,
quand il sentit la mort s'approcher, pour accélérer sa fin. Long-temps après l'introduction du
christianisme, et même encore quelquefois de
nos jours, nous trouvons chez le peuple des traces
de cette croyance. La folie, les convulsions, les
épilepsies, et d'autres maladies violentes, étoient
regardées comme des effets de la malice du
diable et des mauvais esprits, *Onde Aander*.

Il n'y a pas long-temps que les paysans danois
ont commencé à consulter les médecins ; et encore en meurt-il souvent sans qu'ils aient recours
à la médecine. Quand les marques que le paysan
regarde comme des signes de mort infaillible se
manifestent, il y a encore des lieux en Jutland
où ils s'habillent de noir avant que le malade soit
mort. L'usage nuisible de retirer l'oreiller du mourant, pour accélérer sa fin, usage encore quelquefois usité chez le peuple, est un reste de l'igno-
rance de ce temps. Il n'y a guère qu'une centaine
d'années qu'on regardoit, chez la noblesse et
dans la classe de la bourgeoisie, comme une
marque d'amitié, de tirer l'oreiller de son ami
mourant. Cet acte de sensibilité amical ne doit
cependant pas avoir manqué d'accélérer le dernier
moment de plusieurs personnes, qui auroient pu
vivre encore quelque temps.

La médecine étoit, comme chez toutes les na-
tions anciennes, bien moins cultivée dans le Nord

que la chirurgie. C'est pourquoi on donnoit à ceux qui exerçoient à la fois ces deux sciences, le nom de *vulnerarii* (médecins des plaies). Pour indiquer ceux qui ne s'occupoient que des plaies, on les appeloit simplement *guérisseurs* (1). Quant à ceux qui guérissoient les maladies internes, on leur appliquoit encore l'épithète de raccommodeurs (2). Les connoissances en chirurgie étoient plus étendues que celles en médecine. Saxo dit que Staerkoden, ayant été blessé, ne voulut pas se laisser panser ni par un inspecteur, ni par un esclave, ni par sa femme, mais simplement par un paysan. Odin avoit des connoissances dans l'art de guérir, par lequel il faut principalement entendre la chirurgie. Tous les rois, tous les héros du Nord suivirent son exemple. Rolf, roi de la Vestre-Gothie, savoit panser avec adresse les guerriers blessés. Snorro dit que le célèbre Norwégien Jarl Haken étoit occupé à arrêter le sang d'un blessé, pendant que le roi Suend Estritsen le cherchoit dans son vaisseau, après une bataille navale perdue. Le roi norwégien Arnesen guérit ses deux frères, Tin et Torberg, blessés à la fameuse bataille de Stikelstad.

D'après Schoening, Gebhardi et Suhm, plusieurs rois ont été chirurgiens. Il paroît que

(1) *Laeger.*
(2) *Boele* ou *Bote.*

chaque guerrier s'occupoit de l'art de guérir les blessures. Les auteurs des contes de chevalerie rapportent plusieurs guérisons extraordinaires et heureuses des anciens héros du Nord. Peut-être méritent-ils souvent autant de confiance que le fond de l'histoire même ; mais qu'importe ? Ces faits prouvent toujours que nos anciens héros s'occupoient, comme ceux d'Homère, de l'art de guérir, et en particulier de la chirurgie.

Quoique la médecine, et principalement la chirurgie, fussent, dans le Nord, cultivées par les hommes de distinction, c'est cependant aux femmes que leur pratique fut particulièrement réservée. Tacite nous apprend que les femmes des Germains exerçoient ces arts, et ce qui a rapport aux Germains, peut presque toujours s'appliquer aux habitans du Nord. Notre parenté avec cette nation se prouve d'elle-même, en confrontant Tacite avec Snorro et nos autres historiens anciens. Tacite raconte que les femmes des Germains vivoient dans les camps, et il dit qu'après la bataille, les blessés couroient à leurs mères, à leurs épouses et à leurs amies, qui soignoient et suçoient leurs plaies. Cette dernière manière de les guérir étoit anciennement usitée. Snorro raconte que, dans le Nord, les femmes étoient de même présentes aux batailles, pour panser les blessés. Cet art fut exercé par toutes les classes de femmes, sans aucune distinction de rang.

Dans les premiers temps, la médecine étoit exclusivement pratiquée par les femmes, et elles ne pouvoient être soignées que par d'autres femmes. Les hommes avoient, comme il paroît, de la peine à être admis chez les femmes malades. Saxo dit qu'Odin étoit obligé de se déguiser en femme pour entrer chez la princesse Rindé malade; et en Vestre-Gothie, il fut défendu par la loi à un médecin de saigner une demoiselle, sans que son père ou son tuteur fussent présens. Les femmes, au contraire, guérissoient les hommes, pansoient leurs plaies, et étoient souvent, pendant la guérison, les médiatrices de la paix entre les guerriers.

La réputation des femmes dans l'art de guérir, remonte jusqu'aux temps fabuleux. Idun, femme de Braga, réussit dans plusieurs guérisons, par une espèce de pomme, dont elle connoissoit seule la propriété. Les femmes de nos premiers ancêtres connoissoient bien l'emploi de diverses plantes utiles ; science qui s'est naturellement perdue avec l'introduction du christianisme ; les prêtres devoient craindre et condamner tout ce qui leur sembloit contenir quelque superstition. Les ecclésiastiques chrétiens cherchoient à éloigner les femmes qui exerçoient cet art, en les faisant juger comme sorcières (*Trolde og hexé*). Le mot *hex* (sorcier) doit, d'après Keysler, Ihre et Wachter, avoir

eu, dans le commencement, une bonne signification; on vouloit le dériver du mot *hugen*, qui
signifioit *penser, réfléchir à quelque chose*, épithète qu'on accordoit aux personnes qui avoient
des connoissances. Les prêtres, à qui cette sorte
de femmes commençoit à être plus que suspecte,
contribuèrent en même temps à donner une
mauvaise signification au mot *hex*. L'histoire
du moyen âge prouve que les femmes furent
plus difficiles que les hommes à convertir par les
ecclésiastiques. Les prêtres ne purent donc pas
empêcher tout-à-fait les femmes de s'occuper de
l'art de guérir; elles s'en occupent même encore
aujourd'hui. Ma mère, douée d'un cœur sensible
et bon, avoit quelques connoissances générales
dans cet art. Elle habitoit un château à la campagne dans l'île Sélande, il y a une trentaine
d'années, époque à laquelle notre gouvernement
bienfaisant n'avoit pas encore établi des médecins
pour la campagne, comme il le fait aujourd'hui.
Elle distribuoit gratuitement, aux paysans des
environs, des drogues de sa petite pharmacie (1);
guérissoit les fièvres et d'autres maladies. Elle

----

(1) Dans le grand nombre de femmes qui se sont distin-
guées par ce noble genre d'humanité que pratiquoit si digne-
ment la respectable mère de M. Neergaard, les Français
ne doivent jamais oublier le nom de Mme de Lagaraie.

A. L. M.

ne négligeoit cependant pas, dans des cas graves et dangereux, de faire venir un médecin, qu'il falloit quelquefois aller chercher à une longue distance. Heureusement pour ma digne mère elle vivoit dans un temps où l'instruction n'étoit plus regardée comme *sorcellerie ;* sans cela elle auroit peut-être été brûlée, comme les femmes dont nous venons de parler.

Saxo dit qu'Absalon blessé, chercha sa mère pour panser ses plaies. Dans les oraisons funèbres des femmes nobles, cérémonies communes dans les seizième et dix-septième siècles, on loue beaucoup leurs connoissances en médecine, en disant qu'elles étoient aussi utiles aux paysans qu'aux nobles. Ces éloges sont accordés à Anna Rantzov, Anna Rosenkrantz, Anna Brahe, et à un grand nombre d'autres. Plusieurs malades abandonnés par les plus savans médecins, ont quelquefois été guéris par les remèdes de personnes du peuple qu'on appelle communément *hommes et femmes instruits* (kloge koner og maend).

Le christianisme diminua la grande réputation dont les femmes jouissoient dans l'art de guérir. Les moines regardoient comme un devoir de soigner les malades ; ils étudièrent les plantes et leurs propriétés médicales. Leurs connoissances en médecine accélérèrent les progrès du christianisme ; quelques-unes de leurs guérisons passèrent pour des miracles, et comme leur savoir étoit fondé

dans cette partie sur quelques connoissances théo-
riques, ils y réussissoient plus souvent que les
femmes, qui n'avoient pour tout guide que la
pratique et le hasard. On donna des leçons de
médecine dans les écoles des cathédrales et dans
les institutions des couvens. Il a déjà été question
d'un prêtre, qui arrêta la dyssenterie dans le
camp de Suend'Tueskieg. Pour prouver combien
les Danois avoient alors peu de connoissances en
médecine, je vais encore parler de lui, pour
donner une preuve de l'influence que les ecclésiastiques cherchoient à se procurer par cette science.
Ce prélat anglais s'appeloit Egbert : Suhm dit qu'il
opéra sa guérison avec du pain bénit, dans lequel
il mêla vraisemblablement ses remèdes. Il vouloit, par ce prétendu miracle, faciliter l'introduction de sa religion auprès du roi et de l'armée, et pourvoir en même temps à sa propre
sûreté.

La pratique de la médecine a été regardée comme nécessaire aux missionnaires ; ils
parvinrent par là quelquefois plus tôt à leur but
que par la théologie même, comme le prouvent
ceux qu'Absalon envoya dans l'île de Rügen.
Ce genre d'instruction chez les prêtres, quelques
connoissances en physique, facilitèrent aussi
l'introduction de la canonisation, qui accéléra
tant l'adoption du christianisme. Quand les
prêtres désiroient qu'un homme de mérite fût

2

canonisé après sa mort, ils répandoient que des malades avoient été guéris auprès de sa tombe, ou de l'endroit où il avoit été tué. Saxo dit que beaucoup de personnes trouvoient leur guérison auprès de la tombe du roi Canut, qui avoit été assassiné, et qu'une fontaine bienfaisante fit jaillir son eau salutaire et parut à l'endroit où Magnus tua son cousin, que l'on compte au nombre de bien heureux duc Canut.

Dans le moyen âge, tous les saints avoient la faculté de guérir, ils possédoient même quelquefois des connoissances dans l'art vétérinaire. Langebek nous apprend que saint *Niebo*, ou Nicolas, guérissoit les bestiaux. L'art de guérir, quoique encore très-imparfait, a, comme on le voit, beaucoup contribué à accélérer l'introduction du christianisme dans le Nord (1).

Thomas Bartholin dit dans son ouvrage : *De morborum Daniæ popularium remediis*, qu'il regarde le *scorbut* et les *fièvres* comme les deux maladies qui règnent le plus dans le Nord. La *lèpre*, qui étoit une maladie scorbutique au haut degré, y régnoit, ainsi que chez les peuples qui en tirent leur origine. Le pape Étienne reprochoit aux Lombards d'être lépreux. Les pre-

(1) Il faut lire sur ce sujet la notice curieuse que Cancellieri a donnée sur *san Medico* et sur les saints qui ont été médecins. A. L. M.

miers hôpitaux paroissent devoir leur origine à
cette maladie. Holberg prétend que la lèpre
fit donner aux hôpitaux le premier nom qu'ils
portoient, ce qu'il croit même prouver par des
actes du moyen âge, où ils sont nommés
domus leprosorum. Baden croit aussi que la
maladie de la lèpre a donné le nom aux hôpitaux,
qu'on établit au commencement du christianisme, pour éviter la difficulté qu'il y avoit à
transporter les malades de ce genre, comme les
autres. Paul Vendelkaabe appeloit la lèpre la
maladie des hôpitaux (*hospitals siuge*).

La propagation de l'agriculture, la pêche moins
abondante, et un régime mieux entendu, ont
chassé la lèpre du Danemarck, où l'on n'en
trouve heureusement aujourd'hui aucune trace.
On n'a plus besoin, comme autrefois, de
se servir du poisson sec avec le poisson frais,
pour tenir lieu de pain. Dès le milieu du seizième siècle, la lèpre régnoit si peu en Danemarck, comme le prouve une loi de Ribé, qu'on
put à cette époque donner une autre destination
aux hôpitaux, consacrés jusqu'alors uniquement à
ce genre de maladie. Saxo a, comme il paroît,
donné le nom de fièvre à toutes les maladies
dont on ne connoissoit pas bien la nature; chose
qui arrive encore aujourd'hui dans plusieurs pays.
Cet historien nomme plusieurs personnes qu'il
dit être mortes des fièvres ; mais il indique

encore , comme d'autres historiens du Nord ,
plusieurs autres maladies, encore connues aujour-
d'hui, telles que *le rhume*, *la jaunisse*, *l'hydropisie*, *la pulmonie*, *l'érésipèle*, *la dyssenterie*,
la goutte, *la petite-vérole*, *la peste*, etc.

Le roi norwégien Hakon mourut d'un rhume;
Canut - le - Grand , de la jaunisse; Marguerite ,
épouse du roi Niebo, mourut d'une hydropisie,
pour laquelle on ne trouva aucun remède , comme
le dit Saxo. La goutte, qu'on appelle *podagel,* doit
avoir régné dans le Nord; on trouve déjà qu'un
empereur allemand, Conrad II , en mourut
en 1039. Suhm dit que l'année 961 est la pre-
mière époque à laquelle il rencontre les noms de
quelques individus morts en Europe de la petite-
vérole; les médecins commencent aussi alors à en
parler. Cette maladie, qui nous a été apportée du
Midi, comme plusieurs autres, peut dans le commencement avoir reçu le nom de peste , nom
qu'elle parut mériter quand on n'avoit pas les
connoissances nécessaires pour arrêter ou adoucir
ses effets meurtriers. L'*inoculation* , et , de nos
jours, les effets miraculeux de la *vaccination*,
mettent la petite-vérole au rang des autres
maladies.

La *peste* regna dans le Nord plusieurs fois dans
le même siècle : on la regardoit comme une maladie qui devoit revenir tous les dix ans. Thomas
Bartholin dit qu'elle régna cinq fois dans sa vie,

qui ne fut que d'un peu plus de soixante ans.
L'amélioration de la police éloigna les époques
des contagions.

La peste qui regna dans le Nord, comme
dans tout le reste de l'Europe, depuis l'année
1349, jusqu'en 1350, est connue sous le nom
de *mort noire* (*sorte doed*). Cette maladie fut
introduite à Bergen en Norwège par un vaisseau
naufragé. Torfaeus nous dit que l'archevêque
de Drontheim, et presque tous les évêques de
la Norwège, en moururent. Lagerbring, Gebhardi et d'autres historiens, prétendent que les
deux tiers des habitans du Danemarck en périrent. Si cela est ainsi, elle paroît y avoir principalement régné. Cette peste maligne fut apportée en Jutland par un vaisseau anglais, et
n'épargna pas plus les bestiaux que les hommes.
Torfaeus assure « qu'on ne souffroit de cette
maladie qu'un, ou tout au plus deux jours, et
qu'on en mouroit après un vomissement de
sang. »

Je crois à présent devoir dire quelques mots
sur les remèdes en usage dans le Nord dans les
temps reculés, ainsi qu'au moyen âge, et sur la
manière dont on traitoit les malades et les blessés.
J'ai déjà parlé de celle de sucer les plaies, remède en usage dans le Midi comme dans le
Nord ; aussi en est-il déjà question comme d'un
des plus anciens remèdes. Les *pommes d'Idun*,

dont parle l'auteur du *speculum regalium*, sont peut-être une fable, aussi bien que celles qu'on appeloit les *pommes de Skaevinus*. Si les *pommes d'Idun* ont jamais existé, il est probable que c'étoit une espèce de pilules que cette reine savoit faire, et dont la recette a été perdue avec elle. Les *Aser* pleurèrent beaucoup sa perte, ainsi que celle de ses pommes, qui étoient peut-être aussi un fruit ou une racine dont l'effet nous est inconnu aujourd'hui. Dans le Nord, comme dans la Grèce, plusieurs plantes ont été connues pour guérir des maladies ; la pratique seule en donnoit la connoissance.

· Le gui (*seid* ou *mistel*) étoit un remède bien plus important que les pommes dont nous venons de parler ; aussi fut-il beaucoup plus répandu et plus long-temps en usage. Snorro en attribue la découverte à Odin, ce qui prouve au moins que ce remède est très-ancien. Mais il n'est pas encore décidé si le *seid* étoit la même chose que le gui (*mistel*). Le savant Keysler prétend, dans son Mémoire, *de Visco Druidum*, que nos premiers ancêtres n'ont point eu connoissance du gui. Cet auteur ne parle que des Celtes ; mais cette nation étoit vraisemblablement de la même origine que les Scandinaves. Lagerbring ne veut pas non plus que les anciens habitans du Nord fissent usage du *seid*, qu'ils regardoient comme un poison ; mais ceci ne fait rien à la chose ; chaque remède mal distribué , ou donné dans une trop grande dose, peut empoisonner. La vénération que les Druides portèrent au chêne , et l'usage qu'on fit dans le Nord du *seid*, la conviction qu'on a aujourd'hui de l'utilité de l'emploi du gui dans les maladies convulsives, les témoignages de l'histoire, tout me porte à croire, avec 'Baden', que le *seid* d'Odin qui donna à ce héros la réputation de médecin, a été le *viscus* ou gui des Druides.

Torfaeus, dans son Histoire de la Norwège, attribue au *seid* un effet médical. Le *seid* paroît avoir été une décoction, le fond du nom même le prouve ; il est dérivé de *siuda* ou *sȳde*, qui signifie *cuire*. Snorro n'attribue pas seulement à Odin l'invention du *seid ;* il lui accorde encore des connoissances nécessaires pour tirer des remèdes des sucs de diverses plantes. L'Edda paroît aussi faire allusion au gui , quand il parle des vertus médicales du chêne contre certaines maladies. Le gui étoit déjà connu des anciens Romains ; Pline le naturaliste en parle, et il fut employé dans le nord dès les temps les plus reculés sous le nom de *mareutak.* Le gui se trouve sur plusieurs arbres, et particulièrement sur le chêne; on lui attribue des effets médicaux tant extérieurs qu'intérieurs. Je crois que le gui peut avoir donné l'origine à la vénération que les Celtes avoient pour

le chêne; et non, comme le prétend Keysler, que
le chêne ait procuré au gui sa haute réputation.
Comme *dru* ou *drozc* signifie dans la langue cel-
tique un chêne, il est plus que probable que les
Druides ont les premiers eu connoissance du gui.
On ne sait pas si la médecine et la chirurgie ont
fait en même temps usage des pommes d'Idun
et du seid d'Odin.

Nos anciens *Sagar* racontent que les chirurgiens faisoient usage de couteaux et de tenettes,
qu'on savoit recoudre une plaie, couper une
jambe, et la remplacer par une de bois. La guérison des plaies faites par les flèches et les autres
armes des anciens, étoit beaucoup plus difficile
que les blessures de nos armes modernes. On ne
peut refuser des connoissances en chirurgie à
nos ancêtres païens : nous trouvons qu'ils guérissoient souvent des blessures très - dangereuses.
Les femmes guérirent des plaies très-profondes.
Halepona, épouse de *Glum*, soigna et guérit
Torarinn, quoique sa blessure fût si dangereuse,
qu'on voyoit, dit-on, le poumon au travers de la
plaie. Les anciens Sagar racontent que ces femmes
chirurgiens donnoient aux blessés avant de les
panser, une espèce de soupe faite dans une mar-
mite de pierre avec des oignons et d'autres
racines. Les malades ayant avalé cette soupe,
les femmes chirurgiens prétendoient reconnoître
à l'haleine du blessé, si la plaie étoit profonde

et dangereuse, ou non. Snorro dit qu'on traita
ainsi les blessés de Stikelstad. Peut-être cette soupe
étoit-elle une boisson assoupissante procurant
ainsi quelque soulagement au malade, et plus de
facilité pour examiner et panser tranquillement
ses plaies. Les offrandes humaines, en usage chez
nos ancêtres païens, et dont parlent Arnkiel et
d'autres auteurs, peuvent aussi avoir procuré
quelques connoissances en anatomie aux médecins qu'on y employoit. Nos ancêtres regardoient le sang des animaux féroces, tel que
celui des loups et des ours, comme un remède
fortifiant. *Saxo* dit que Biarke laissoit son
ami *Hialté* sucer le sang d'un ours pour le
rendre plus fort. La saignée fut aussi connue.
L'eau fraîche fut anciennement comptée entre
les remèdes simples, d'où dérivent vraisemblablement la vénération qu'on porta encore à cet
élément, long-temps après l'introduction du
christianisme, et l'espèce de baptême dont on
parle dans le *Speculum regalium*, comme usité
parmi nos ancêtres païens.

Dans le moyen âge, les trois règnes de la
nature fournissoient des remèdes. L'auteur du
Speculum regalum cite les œufs de poisson
comme utiles dans beaucoup de maladies. Dans
les livres de médecine, dont on faisoit usage, nous
voyons que le fer d'Osmund, le lait de vache et
l'écorce du chêne, furent très-utiles contre la

dyssenterie. Une plante appelée *kellerhals*, je ne sais si ce n'est pas le *daphne* actuel, fut employée contre la gale. Les *genièvres*, la moutarde et l'absinthe étoient en usage pour tous les genres de douleurs. Le lait de femme adoucissoit les maux d'oreille. Le poivre et le gingembre étoient les meilleurs remèdes pour les maux de dents. Le sang de loup adoucissoit les douleurs de la pierre. L'*armoise* fut employée pour les maladies secrètes. L'absinthe étoit bon pour toute sorte de douleurs d'estomac. Ces remèdes sont cités dans l'ouvrage du curé Henrich Harpestraeng, sur l'art de guérir, avec une quantité d'autres dont beaucoup sont même encore en usage chez les paysans. La saignée étoit généralement pratiquée au moyen âge; certains jours étoient regardés comme sains ou malsains pour la saignée, qu'on présumoit plus utile au printemps ou en automne, qu'en été ou en hiver. La vénération qu'on avoit pour l'eau continua sous le christianisme; les missionnaires firent leurs baptêmes auprès des saintes sources. Dans ces derniers temps le nombre de ces sources augmenta; les prêtres s'en firent un important revenu en publiant leurs bons effets pour guérir toute sorte de maladies, ou quelques-unes en particulier. On attribua aussi, comme le dit Hofman, à une certaine source dans le cimetière de Skandrup en Jutland, non-seulement de pouvoir guérir

les maux d'yeux des hommes, mais même ceux
des animaux. Une autre source à Tyrsbaek,
aussi en Jutland, avoit la réputation de guérir
des échauffemens ; on attribua même aux eaux
d'une source à Broenshoeli en Séeland, des qua-
lités pour guérir la *peste*. Chaque province avoit
sa source principale, que le malade devoit visiter
dans la soirée de saint Jean, s'il n'avoit pas
retrouvé le soulagement désiré dans les eaux
de la source la plus voisine de son habita-
tion. Plusieurs de ces *sources principales* sont
même encore visitées aujourd'hui, comme *la
source d'Hélène* en Séelande, celle de *Kippingé*
à Falster, celle de *Frorup* en Fionie, et d'autres.
L'usage de ces saintes sources fut si grand, que
presque chaque commune avoit la sienne. Ce que
plusieurs de ces sources rapportent encore aujour-
d'hui, fait présumer combien elles ont rapporté
autrefois. Les pénitenciers du pape arrivoient
aussi pour faire leur quête vers la saison où le
plus communément ce genre de voyages avoit
lieu. On faisoit un grand usage de l'eau pour
des bains chauds et froids, tant pour conserver
la santé, que pour la rétablir dans des maladies
externes et internes. Saxo dit que Waldemar
et son ami Absalon en firent usage. Huitfeld
raconte que le roi Waldemar Cristofersen employoit l'eau d'une source près de Vordingborg
pour se guérir de la goutte.

La princesse danoise Ingeborg, depuis reine

de France, se plaint, dans une lettre au pape, de ne pas assez faire usage des bains, et de ne pas pouvoir être saignée. Des maisons de bains, appelées *Badstuer*, étoient établies dans presque toutes nos villes. Le mot *bad* qui signifie *échauffer*, prouve qu'on employoit les bains chauds. Les maisons de bains perdirent de leur réputation; quand les maladies vénériennes commencèrent à se répandre; il paroît qu'elles ne jouissoient pas d'une bonne réputation intacte, elles furent soumises à une inspection plus sévère, et leur nombre diminua.

On sait peu de chose sur la manière de soigner les malades. Saxo dit qu'on avoit une espèce de *chaise à porteur* pour les convalescens qui ne pouvoient pas supporter les cahots des chariots, ou monter à cheval. On portoit le roi Suend, parce qu'il ne pouvoit pas supporter les mouvemens de *la voiture*. Saxo parle d'une espèce de *bassinoire* dans laquelle on mettoit des briques rougies au feu pour chauffer les lits des malades. Le même auteur nous apprend qu'on guérissoit comme aujourd'hui les noyés par des frictions; Esbern Snorro qui étoit tombé dans l'eau fut ainsi rétabli. Dans des cas graves, on eut, après l'introduction du christianisme, recours aux miracles, aux reliques et aux prières faites aux saints particuliers du pays, comme *saint Oluf, saint Knud*, et d'autres.

On ne peut pas croire, d'après ce qu'on vient

de dire, que l'état de l'art de guérir dans le Nord
fût très-brillant au moyen âge. Il ne devoit
pas l'être plus dans le nord de l'Europe que dans
le midi, où les Universités étoient fréquentées
par ceux des habitans qui vouloient savoir plus
qu'ils ne pouvoient apprendre dans les écoles de
leurs couvens. Dans l'art de guérir, ainsi que
dans toutes les autres sciences, on négligea long-
temps les sources ; on ne connoissoit les auteurs
anciens que par de mauvaises traductions, parce
que peu de personnes avoient étudié les langues
fondamentales, particulièrement le grec. Treschou
raconte que le savant Hemmingius fut obligé,
peu de temps avant la réformation, d'aller à
Lund pour étudier la langue grecque, qu'il
ne pouvoit pas avoir apprise dans cinq écoles
latines qu'il venoit de visiter, parce que les pro-
fesseurs même l'ignoroient. La médecine ne
s'apprenoit, comme les autres sciences, qu'avec
des glossaires barbares, des commentaires inin-
telligibles et des extraits pleins de fautes. En
médecine, comme en théologie et en philoso-
phie, des rêveries et des recherches inutiles
procuroient le titre de savant.

On étoit trop loin alors de bien connoître ce
qui peut donner justement ce titre. Les médecins
ignoroient la physique ; l'histoire naturelle et la
botanique leur étoient en général inconnues ;
ils ne s'occupoient que de *l'astrologie* et de

la *nécromancie*. Les hommes instruits avoient même peu de confiance dans les médecins. Saxo dit, en parlant d'un médecin de la Scanie, appelé Jean (Johannes), qui n'avoit pas réussi à guérir le roi Valdemar Ier, « que cette guérison manquée prouvoit le peu de confiance qu'on doit avoir dans les médecins. »

S'il y avoit peu d'hommes savans, profonds et instruits dans l'art de guérir, il ne manquoit pas pour cela d'individus qui pratiquassent cet art. On peut compter dans ce nombre des moines, des curés, des religieuses, des hommes qui dirigeoient les bains (*Bademaend* ou *Badeskaerrer*), et des charlatans qui couroient d'une province à l'autre, se donnant pour guérir toutes sortes de maladies. Les papes, les conciles défendirent inutilement cet art aux ecclésiastiques ; ils furent seuls les principaux médecins jusqu'à la réformation. Ce furent sans doute eux qui écrivirent les onze livres de recettes, dont plusieurs existent encore aujourd'hui, livres qui couroient les campagnes, et étoient assignés comme héritage à la troisième et quatrième génération. On n'avoit pas de médecins publics gagés.

Des documens du quinzième siècle prouvent qu'on avoit déjà des pharmaciens : on croit que les premiers ont été des ecclésiastiques. Les rois et

les grands personnages paroissent cependant avoir
eu leurs médecins particuliers. Saxo parle de ceux
qui saignèrent la reine Marguerite, le roi Niels
et l'archevêque Eskild. Le premier médecin
royal que cite cet historien, est l'abbé Jean
(Johannes), de la Scanie, où il jouissoit d'une
grande réputation. Il manqua cependant,
comme je l'ai déjà dit, la guérison du roi Valdemar Ier; il prépara au roi une tisanne, et
l'enveloppa de linges pour le faire suer, mais
sans fruit, ce qui porta Saxo à s'écrier contre
lui. Lagerbring prend le parti de Jean, en disant que Saxo avoit peut-être une trop haute
idée de l'art de guérir, en voulant qu'il dût
sauver tout le monde de la mort. Bartholin le
défend moins, il ne lui attribue que de très-
foibles connoissances. On ne trouve, après
Jean, aucun autre médecin que l'abbé (Mester),
Henri Harpestraeng. J'ai déjà parlé de son
ouvrage sur l'art de guérir. Si son livre est écrit
comme on le prétend, dans la langue du pays,
alors Harpestraeng devient un homme intéres-
sant même pour l'histoire de la langue danoise.
Arield Huitfeld l'appelle *Medicus* et *Canonicus
Roschildensis*, et dit qu'il est mort en 1244. Gram
le cite, mais sans rien dire de son mérite. Bartholin
en parle encore comme du premier médecin
que notre histoire ait cité. Des savans danois
nous promettent sur la vie de Harpestraeng,

des notices qui pourroient être très - impor-
tantes pour l'histoire de la médecine. A la fin du
moyen âge, des rois de la maison d'Oldenbourg
montèrent sur le trône. L'Université de Copen-
hague fut fondée en 1480 ; la médecine fut pro-
fessée, mais elle fut toujours médiocrement
cultivée jusqu'à la réformation, en 1536,
époque à laquelle cette science sortit chez
nous de son enfance. La médecine et la chirurgie ont depuis toujours été étudiées en
Danemarck ; ceux qui s'en occupent voyagent,
et mon pays peut aujourd'hui dire, en se
comparant avec les États les plus lettrés : « Je
possède des médecins et des chirurgiens habiles,
tant dans la théorie que dans la pratique de
leur art. »

T. C. BRUUN-NEERGAARD.

Extrait des *Annales Encyclopédiques*,
année 1818.

Le Bureau est rue Neuve-des-Petits-Champs, n°. 12.

Imprimerie de LE NORMANT, rue de Seine. (1818.)